essentials

essentials liefern aktuelles Wissen in konzentrierter Form. Die Essenz dessen, worauf es als „State-of-the-Art" in der gegenwärtigen Fachdiskussion oder in der Praxis ankommt. *essentials* informieren schnell, unkompliziert und verständlich

- als Einführung in ein aktuelles Thema aus Ihrem Fachgebiet
- als Einstieg in ein für Sie noch unbekanntes Themenfeld
- als Einblick, um zum Thema mitreden zu können

Die Bücher in elektronischer und gedruckter Form bringen das Expertenwissen von Springer-Fachautoren kompakt zur Darstellung. Sie sind besonders für die Nutzung als eBook auf Tablet-PCs, eBook-Readern und Smartphones geeignet. *essentials:* Wissensbausteine aus den Wirtschafts-, Sozial- und Geisteswissenschaften, aus Technik und Naturwissenschaften sowie aus Medizin, Psychologie und Gesundheitsberufen. Von renommierten Autoren aller Springer-Verlagsmarken.

Weitere Bände in dieser Reihe http://www.springer.com/series/13088

Sarah Brauns · Hilko Hoffmann
Peter Zimmermann

Web-basierte Referenzarchitektur für virtuelle Techniken

Mit Anwendungsbeispielen aus der Industrie

Sarah Brauns
Wolfsburg, Deutschland

Peter Zimmermann
Gifhorn, Deutschland

Hilko Hoffmann
Saarbrücken, Deutschland

Das Verbundprojekt ARVIDA (Angewandte Referenzarchitektur für virtuelle Dienste und Anwendungen) wurde vom Bundesministerium für Bildung und Forschung unter dem Förderkennzeichen 01 IM13001 gefördert.

ISSN 2197-6708   ISSN 2197-6716   (electronic)
essentials
ISBN 978-3-658-17248-0   ISBN 978-3-658-17249-7   (eBook)
DOI 10.1007/978-3-658-17249-7

Die Deutsche Nationalbibliothek verzeichnet diese Publikation in der Deutschen Nationalbibliografie; detaillierte bibliografische Daten sind im Internet über http://dnb.d-nb.de abrufbar.

Springer Vieweg
© Springer Fachmedien Wiesbaden GmbH 2017

Gedruckt auf säurefreiem und chlorfrei gebleichtem Papier

Springer Vieweg ist Teil von Springer Nature
Die eingetragene Gesellschaft ist Springer Fachmedien Wiesbaden GmbH
Die Anschrift der Gesellschaft ist: Abraham-Lincoln-Str. 46, 65189 Wiesbaden, Germany

Was Sie in diesem *essential* finden können

- Einführung und Definition der virtuellen Techniken, wie sie heute in der Industrie verstanden und eingesetzt werden
- Neue industrielle Anwendungsfelder für virtuelle Techniken
- Web-Konzepte zur besseren Interoperabilität und effizienteren Anwendungsentwicklung im Bereich virtueller Techniken
- Die ARVIDA-Referenzarchitektur, ihre Konzepte sowie der Bezug zu Industrie 4.0
- ARVIDA-Technologien zur verbesserten Umfelderkennung
- Beispiele zu Industrieszenarien, die die ARVIDA-Referenzarchitektur nutzen

Dank

Die Autoren sowie die Konsortialleitung des Verbundprojektes ARVIDA danken den beteiligten Projektpartnern für ihre Hilfe bei der Erstellung des *essential*-Manuskriptes. Unser Dank gilt ebenfalls Herrn Ministerialrat Dr. Erasmus Landvogt, BMBF und Herrn Ingo Ruhmann, BMBF, die das Projekt ARVIDA anregten, förderten und vertrauensvoll begleiteten. Ebenso danken wir Herrn Roland Mader sehr, der das Projekt mit großem Engagement vonseiten des Projektträgers DLR unterstützte.

Sarah Brauns
Hilko Hoffmann
Peter Zimmermann

Inhaltsverzeichnis

Virtuell unterstützte Produktentwicklungs- und Fertigungsprozesse

1

Industrielle Entwicklungs- und Fertigungsprozesse unterliegen aufgrund der wachsenden Anforderungen an Qualität und Effizienz und der immer kürzeren Produktlebenszyklen einer inzwischen rasanten Evolution. Die moderne industrielle Produktentwicklung und Produktionsplanung kommt gerade bei den komplexen und variantenreichen High-End-Produkten aus der deutschen Industrie kaum mehr ohne die virtuelle Entwicklung, Planung und Simulation von Produkten und Produktionsvorgängen aus. Virtuelle Techniken (VT) sind vor allem bei größeren Unternehmen schon seit einiger Zeit ein fester Bestandteil der Prozess- und IT-Systemlandschaft. Ohne VT-Systeme sind die stetig steigenden Anforderungen an Innovationsgrad, Komplexitätsmanagement, Flexibilität und Qualität nicht schnell und effizient genug umsetzbar. Die Erforschung, Beherrschung sowie die industrielle Umsetzbarkeit innovativer virtueller Techniken, d. h. Virtual und Augmented Reality, virtueller Simulationsverfahren, digitaler Menschmodelle u. v. a. sind zu einem Schlüsselfaktor der Wettbewerbsfähigkeit und teilweisen Marktführerschaft der deutschen Industrie geworden.

Diese Entwicklung wird aus Sicht der Autoren durch die beginnende 4. Industrielle Revolution (Industrie 4.0) erheblich beschleunigt, denn ein wesentlicher Teil dieser Revolution ist die leichte Verfügbarkeit von Informationen, Funktionalitäten und Modellen sowie auch das übergreifende, kooperative Arbeiten in internationalen, verteilten Firmennetzwerken. Eine wesentliche Schwierigkeit besteht darin, unterschiedlichste Soft- und Hardware-Systeme miteinander interagieren zu lassen. Daten und Informationen müssen über System- und Firmengrenzen hinweg und in allen Prozessschritten und dazugehörigen Softwarewerkzeugen transparent, sicher und verlustfrei zur Verfügung stehen.

Diese Erkenntnisse haben zu einer längerfristigen Förderung (Abb. 1.1) der virtuellen Techniken durch das Bundesministerium für Bildung und Forschung (BMBF) geführt. Neben dem BMBF-Projekt IVIP [1] können hier beispielhaft

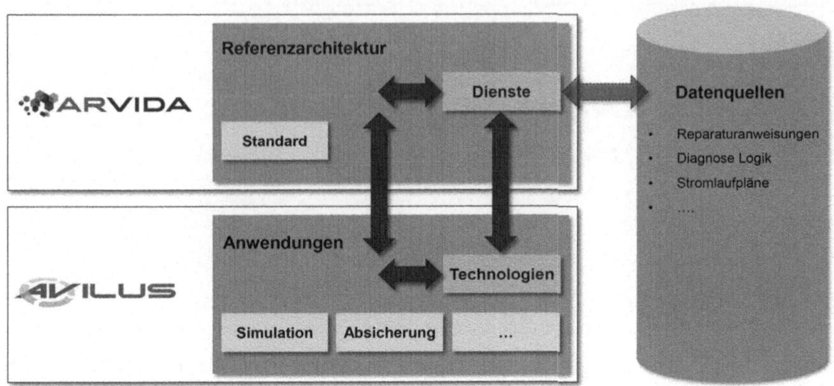

Abb. 1.1 Die Projekt- und Entwicklungslinie von spezifischen Technologie-Komponenten hin zu einer übergreifenden, offenen, Web-basierten Architektur für die Anwendungsentwicklung

die weiteren geförderten Leitprojekte im Themenfeld Mensch-Technik-Interaktion, ARVIKA [2], ARTESAS [1], AVILUS [3] und MORPHA [1], genannt werden. Mehr als 20 namhafte Unternehmen und Forschungseinrichtungen konnten in den vergangenen rund 15 Jahren auf diese Weise Technologien und Systeme für virtuelle Techniken und die Arbeitsumgebungen der Zukunft erarbeiten.

Zur Fortführung der Anstrengungen im Themenfeld der virtuellen Techniken wurde von 2013 bis 2016 ebenfalls vom BMBF das Verbundprojekt „ARVIDA" gefördert, welches die skizzierten Anforderungen in einer übergreifenden Referenzarchitektur adressiert und in industriellen Einsatzszenarien überprüfte. „ARVIDA" steht für „Angewandte Referenzarchitektur für virtuelle Dienste und Anwendungen" und ist ein Verbundprojekt, an dem 21 Projektpartner aus Industrie, kleinen sowie mittelständischen Unternehmen (KMU) sowie aus der Wissenschaft beteiligt waren. Es wurden VT-Verfahren und Anwendungen erforscht und prototypisch in industriellen Anwendungsbeispielen realisiert. Der Transfer der Forschungsergebnisse in neue Produkte und den realen Einsatz virtueller Techniken erreichte ein sehr hohes Niveau. Dieser, von internationalen Experten attestierte Vorsprung, welcher sich nicht zuletzt in einem umfassenden Patentportfolio (mehr als 50 nationale und internationale Patentanmeldungen) und zahlreichen Spin-Offs manifestiert, wurde nun mithilfe des Verbundprojektes ARVIDA gehalten und mit einer umfassenden Referenzarchitektur sowie neuen VT-Konzepten und weiteren Anwendungsfeldern weiter ausgebaut.

Unter *Virtuellen Techniken* (VT) fasst das ARVIDA-Konsortium echtzeitfähige Virtual, Augmented, Mixed oder Dual Reality, virtuelle Simulationen, virtuelle Menschmodelle sowie Mischformen zusammen. Ein System, das virtuelle Techniken einsetzt, wird als *virtuelle Umgebung* bezeichnet. Folgende Einzeltechnologien sind für den Aufbau interaktiver, virtueller Umgebungen notwendig:

- **Umfelderkennung und Lokalisation:** Die echtzeitfähige Verbindung von Benutzer, realer und virtueller Umgebung ist essenziell für die korrekte Wahrnehmung und Interaktion mit einer virtuellen Umgebung. Zur Umfelderkennung gehört auch die dreidimensionale Erfassung der realen Welt (wie z. B. Fabrikhallen) bzw. einzelner Objekte, wie z. B. Werkstücke.
- **Interaktionstechnologien:** Zur vertieften Vermittlung der wahrgenommenen Präsenz der Nutzer in einer virtuellen Welt (Immersion) sowie zur intuitiven und realistischen Interaktion der Nutzer mit virtuellen Umgebungen werden adäquate Interaktionstechnologien benötigt.
- **Visualisierungstechnologien:** Hierzu gehören sowohl Software (z. B. Bilderzeugungssysteme/Rendering) als auch Hardware (Rendering-Hardware, Projektoren, Displaysysteme, Augmented-Reality-Brillen und Head-Mounted-Displays).
- **Semantische Weltbeschreibung:** Für weiterführende, funktionalere VT-Anwendungen mit integrierten Ansätzen der künstlichen Intelligenz sind umfangreiche Informationen über reale und virtuelle Objekte notwendig, die z. B. im CAD- oder PLM-System vorhanden sind, aber beim Import in ein Visualisierungssystem verloren gehen.
- **Standardisierte Schnittstellen, Referenzarchitekturen:** Zur Realisierung einer umfassenden VT- Anwendung sind über Standardschnittstellen und eine

© Springer Fachmedien Wiesbaden GmbH 2017

S. Brauns et al., *Web-basierte Referenzarchitektur für virtuelle Techniken,*
essentials, DOI 10.1007/978-3-658-17249-7_2

Referenzarchitektur u. U. viele verschiedene, spezifische Software-Systeme zu
verbinden.

- **Autorensysteme:** Zum Aufbau von komplexen, funktionalen, virtuellen
Umgebungen werden Autorensysteme benötigt, die die verschiedenen Simula-
tionsaspekte, 3D-Modelle, virtuelle Menschen, Materialien und Funktionalitäten zusammenstellen können.

Die historische Entwicklung und die industriellen Anforderungen haben in der
Vergangenheit zu sehr funktionsreichen, aber weitgehend monolithischen VT-
Systemen mit systemspezifischen Datenstrukturen geführt, die nicht nur die
3D-Geometrien, sondern auch die möglichen Interaktionen, das Objektverhal-
ten, eine komplexe Anwendungslogik, Objektanimationen, eine Simulation von
Objektfunktionalitäten sowie die semantischen Verknüpfungen beschreiben. Insbesondere Virtual-Reality-Systeme waren und sind in vielen Fällen eine sehr eng
verzahnte Mischung aus einem Grundsystem und speziellen Anwendungen [5].
Derartig aufgebaute Virtual-Reality-Anwendungen wurden nach und nach mit
immer mehr Funktionalität ausgestattet und an spezifische Aufgaben angepasst.
Darin enthaltene Funktionsteile konnten i. d. R. selbst dann nicht ohne weiteres
in andere Anwendungen übernommen werden, wenn sie auf Basis eines VR-
Grundsystems aufgebaut waren. Modernere VR-Systeme setzen daher ein Modul-
konzept um, wobei Module jedoch nur innerhalb einer Systemwelt kompatibel
zueinander sind und außerhalb nicht wiederverwendet werden können. Deshalb
war die Wiederverwendung und Erweiterbarkeit von Funktionalität über System-
und Organisationsgrenzen hinweg ein wesentliches Ziel von ARVIDA.

Die zentrale Datenstruktur eines Visualisierungssystems ist der sogenannte
Szenegraph. Er beschreibt die verfügbaren Modelle, die geometrischen und
funktionalen Zusammenhänge, das Aussehen, verfügbare Interaktionen u. v. a.
Die Nutzung eines Szenegraphen als zentrale Datenstruktur schränkt jedoch die
Integrierbarkeit von externen VT-Komponenten in existierende Visualisierungssysteme wesentlich ein, weil anzubindende Fremdsysteme sehr häufig komplett
unterschiedliche, zu einem Szenegraphen inkompatible Datenstrukturen aufweisen. Daher war ein weiteres wesentliches Ziel von ARVIDA die Definition von
gemeinsamen, austauschbaren Datenmodellen, die einen verlustfreien Austausch
von Daten zwischen Systemwelten ermöglichen.

Um die erforderliche Interaktivität und Leistungsfähigkeit einer komplexen
VT-Anwendung sicherzustellen, wurden und werden VT-Systeme lokal, d. h. auf
einem Rechner oder Rechnercluster betrieben. Alle externen Komponenten, die in
einer Visualisierung integriert sind, müssen daher ebenfalls auf demselben Rech-
nersystem laufen. Dies schränkt die Skalierbarkeit einer Gesamtanwendung ganz

wesentlich ein. Hinzu kommt, dass die zur Interaktion mit den Modulen nötigen Schnittstellen und Protokolle proprietär sind und nur innerhalb einer Produktfamilie funktionieren. Diese Fixierung auf lokal verfügbare Daten und Funktionalitäten ist zu großen Teilen historisch bedingt. VT-Systeme sind in den meisten Fällen Echtzeitsysteme, die unmittelbar auf Änderungen des Inhaltes und auf Nutzerinteraktionen reagieren müssen. Weil bis vor ca. 5 Jahren Rechnerleistung bzw. Netzwerkinfrastrukturen für Echtzeitanwendungen nur gerade dafür leistungsfähig genug waren, hätte jede Einbuße bei der Gesamtperformanz eines VT-Systems zu dessen Unbenutzbarkeit geführt. Durch diese Optimierung auf lokale verfügbare Module und Daten wird die Skalierbarkeit des Gesamtsystems maßgeblich beeinträchtigt und das Austauschen von Modulen, wie z. B. Simulationen, Interaktionen oder die Bilderzeugung, unmöglich.

Wünschenswert sind jedoch offene Systeme, die bei Bedarf auch in weltweiten Firmennetzwerken unabhängig von konkreten Abteilungen oder Standorten verteilt werden können und Daten und Funktionen als vielfach wiederverwertbare Ressourcen im Netzwerk zur Verfügung stellen.

Web-Konzepte für virtuelle Techniken 3

Das Web ist eine praktisch überall verfügbare Technologie und wird zunehmend als eine universelle Entwicklungsumgebung durchaus auch für komplexe Anwendungen interessant. Ein wesentlicher Grundansatz und Erfolgsfaktor ist die Offenheit sowie die rasche Bildung, Erweiterung und Verwendung von Standards. Eine weitere, wesentliche Eigenschaft ist die Vernetzung und Integration von existierenden externen Einzeldiensten mit selbst entwickelten neuen Anwendungen. Die Entwickler nutzen hierbei die von den externen Diensten zur Verfügung gestellte Funktionalität, ohne sich um die jeweilige konkrete Implementierung kümmern zu müssen. Wohldefinierte und im Wesentlichen stabile Schnittstellen sorgen dafür, dass derart zusammengesetzte Anwendungen auch bei Änderungen an einem der Einzeldienste funktionsfähig bleiben. Es ist im Vergleich zu klassischen Software-Systemen deutlich einfacher, einzelne Funktionalitäten auszutauschen, ohne hierzu die gesamte Anwendung neu entwickeln zu müssen. Es spielt dabei auch keine Rolle, in welcher Programmiersprache ein Dienst umgesetzt ist.

Die beschriebenen Kerneigenschaften von Web-Technologien sind auch für Anwendungen im Bereich der virtuellen Techniken (VT) sehr interessant, denn VT-Anwendungen bestehen in den meisten Fällen aus mehr oder weniger zahlreichen externen Komponenten, wie z. B. virtuellen Umgebungen und Tracking- und Interaktionssystemen, die reibungslos zusammenspielen müssen, um eine funktionale, interaktive, immersive Visualisierung zu erreichen. In modernen VT-Anwendungen kommen zunehmend weitere, externe Soft- und Hardware-Systeme zum Einsatz. Sie dienen sehr oft der Planung und Simulation von Produkten oder Anlagen in virtuellen Umgebungen. In vielen Fällen sind die verschiedenen Teilsysteme nicht miteinander kompatibel und konnten bisher entweder gar nicht oder aber nur mit sehr hohem technischem, zeitlichem und finanziellem Aufwand zusammengebracht werden. Hinzu kommt, dass schon kleine Änderungen an den Schnittstellen solcher Systeme dazu führen, dass das Gesamtsystem nicht mehr ausführbar ist.

© Springer Fachmedien Wiesbaden GmbH 2017

S. Brauns et al., *Web-basierte Referenzarchitektur für virtuelle Techniken,*
essentials, DOI 10.1007/978-3-658-17249-7_3

Um die geforderte hohe Flexibilität und Modularität von zukünftigen VT-Anwendungen bzw. virtuellen Umgebungen zu erreichen, war daher die Grundidee des Projektes ARVIDA, VT-Dienste und dienstorientierte VT-Anwendungen mit Web-Technologien aufzubauen, um von der hohen Flexibilität, der Modularität, den allgemeingültigen Standards und den rasanten technologischen Entwicklungen im Bereich der Web-Technologien profitieren zu können (Abb. 3.1). Web-Technologien sind dabei getrennt von Web-Browsern zu verstehen, denn sie sind auch ohne den Browser als Frontend sehr gut nutzbar.

Für die ARVIDA-Referenzarchitektur werden etablierte Standards und Programmierparadigmen aus dem Web eingesetzt und an die Anforderungen der virtuellen Techniken angepasst. Um im Sinne eines Migrationspfades existierende VT-Systeme weiter nutzen zu können, wurden in ARVIDA Mechanismen entwickelt, die es auch bestehenden VT-Systemen ermöglichen, externe Dienste bzw. Ressourcen über Web-Schnittstellen anzubinden sowie eigene Funktionalitäten wiederum als Dienst bzw. Ressource im Netzwerk bereitzustellen. Neu entwickelte VT-Funktionalitäten werden dagegen von vorneherein als integrierbare Dienste bzw. Ressourcen zur Verfügung gestellt. Mit den entwickelten Mechanismen wird ein Verbund von (Teil-)Systemen geschaffen, der die jeweiligen Funktionalitäten und Daten zusammenführt, um ein neues, komplexeres System zu schaffen, welches mehr Funktionalität bietet als lediglich die Summe der Einzeldienste und Systeme, aus denen es besteht. Das dem Web inhärente Client-Server-Prinzip unterstützt eine sehr gute Verteil- sowie Skalierbarkeit der Anwendungen.

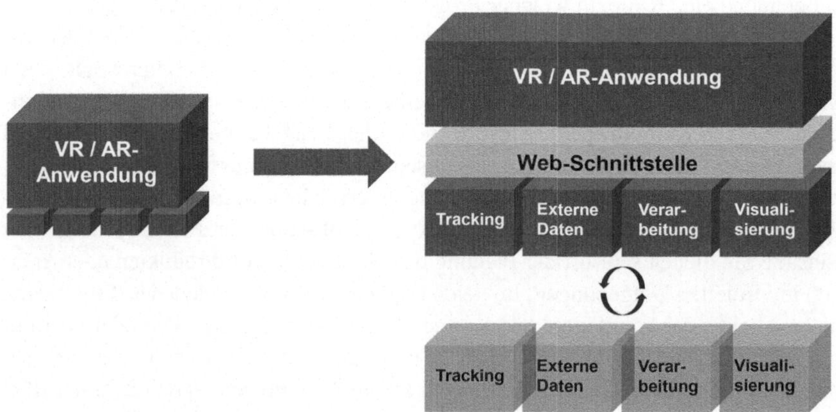

Abb. 3.1 Von der proprietären zur interoperablen Anwendung

3.1   Der Architekturstil „Representational State Transfer (REST)"

Der Architekturstil „Representational State Transfer (REST)" gilt als eines der grundlegenden Entwurfsprinzipien für Web-Anwendungen, d. h. RESTful-Web-Services im Web. REST wird vor allem für den maschinenlesbaren Austausch von Informationen im Web genutzt. REST hat u. a. den Vorteil, dass die dafür notwendige Infrastruktur im Web vorhanden ist und viele andere Web-Dienste bereits REST-konform sind. REST verwendet den Begriff der Ressource als Schlüsselabstraktion. Unter einer REST-Ressource versteht man allgemein eine zeitveränderliche Abbildung auf eine bestimmte Menge von Dingen. Dabei werden Informationsressourcen, welche auf abrufbare Dokumente verweisen, von sogenannten Nicht-Informationsressourcen, welche das Bezeichnen von abstrakten Konzepten oder physikalischen Objekten erlauben, unterschieden. Für die Ausführung von Operationen auf einer Ressource ist die Repräsentation einer Ressource erforderlich, d. h. das REST-Prinzip trennt Daten von Repräsentationen, was das Konzept äußerst flexibel macht. Repräsentationen erlauben das Erfassen und die Übertragung des gegenwärtigen oder des beabsichtigten Zustands einer zugehörigen Ressource und können meist in unterschiedlichen Formaten (JSON, XML, RDF, etc.) angeboten werden.

Jede identifizierbare Ressource wird durch die Zuweisung eines einzigartigen „Uniform Ressource Identifier (URI)" direkt im Web bzw. Netzwerk adressierbar. Ressourcen und ihre Repräsentationen sind durch Hyperlinks miteinander verknüpft und somit einfach navigierbar. REST nutzt einen bewusst reduzierten Befehlssatz (GET, POST, PUT, DELETE), um einheitliche, weitgehend universell nutzbare Schnittstellen sowie eine einfache Interaktion mit Ressourcen zu gewährleisten. Die Anfrage an einen Server mit einer bestimmten Ressource erfolgt dabei, wie oben beschrieben, durch eine URI. Jede Anfrage an einen Dienst spezifiziert alle relevanten Parameter, sodass ein Server keine Zustandsinformationen einer Client-Anwendung kennen und verwalten muss. Der Server führt die Anfrage aus und sendet eine Antwort an den Client zurück. Der Informationsgehalt der Rückgabewerte orientiert sich an den vom Client gewünschten Informationen (Content Negotiation).

Eine URI kann wiederum eine andere, weiterführende URI beinhalten (Hyperlink). Dies ermöglicht eine flexible Koppelung von Servern, auf denen Ressourcen angeboten werden und Clients, auf denen Anwendungen laufen, die diese Dienstergebnisse nutzen möchten. Dabei benötigen REST-basierte Anwendungen keine zentrale Vermittlungsinstanz zwischen Client und Ressourcen und skalieren daher gut. Durch den ressourcenzentrierten Ansatz ist ein RESTful Web-Service ohne Änderung seiner API sehr effizient zu warten und zu erweitern. Durch das Hinzufügen neuer Media-Typen können neue Clients erschlossen werden, ohne die Anwendungslogik ändern zu müssen.

REST kann unabhängig vom öffentlichen Web zur generellen Umsetzung von verteilten Systemen genutzt werden, die eine Client-Server-Architektur benötigen (z. B. Enterprise Applikationen).

3.2 Linked-Data

Mit anderen Webdiensten teilen auch REST-Dienste die Problematik, dass Entwickler zur Integration eines Dienstes erst dessen Funktionsweise erschließen und anschließend einen speziellen Code erzeugen müssen, der den Dienst in geeigneter Weise aufruft. Zwar bietet die Verwendung der HTTP-Methoden einheitliche Operationen, allerdings ist damit die Bedeutung der ausgetauschten Daten (Ressourcen) noch nicht festgelegt. Ein etablierter Ansatz, REST-Ressourcen besser zu beschreiben, ist Linked-Data. Linked-Data umfasst eine Reihe von bewährten und vom „World Wide Web Consortium (W3C)" empfohlenen Vorgehensweisen für die Veröffentlichung und Bereitstellung von Ressourcen. Linked-Data nutzt das sogenannte „Resource Description Framework (RDF)-Datenmodell", um logische Aussagen zu Ressourcen formulieren zu können. Zur noch besseren Beschreibung von Daten und Funktionalitäten sind über RDF hinaus auch die ausdrucksstärkeren Beschreibungssprachen RDF(S) und die „Web Ontology Language (OWL)" etabliert.

Durch die durchgängige Nutzung von URIs zur Identifizierung von Datenobjekten stehen diese für einen Zugriff über das HTTP-Protokoll unmittelbar zur Verfügung. Der Verweis auf weitere Datenobjekte wird ebenfalls ermöglicht. Der große Nutzen von Linked-Data liegt in der Auflösung der dokumentenzentrischen Sicht auf das Web. Nicht mehr nur Dokumente sind abrufbar und miteinander verknüpft, sondern beliebige Inhalte können so beschrieben und ausgetauscht werden.

Die ARVIDA-Referenzarchitektur 4

Die ARVIDA-Referenzarchitektur wendet die beschriebenen Konzepte und Sprachen für die semantische Beschreibung von VT-spezifischen Schnittstellen, Daten und Funktionalitäten an und ermöglicht damit die Entwicklung von ARVIDA-konformen, Web-basierten VT-Anwendungen. Hierfür notwendige, typische Funktionalitäten und Datenquellen sind nach den oben beschriebenen Prinzipien als ARVIDA-konforme REST-Ressourcen umgesetzt und können nun zu komplexeren VT-Anwendungen zusammengesetzt werden. Das Ergebnis ist eine Referenzarchitektur, die neben Modellierungskonzepten auch konkrete Schnittstellenmodellierungen in RDF, RDFs und OWL, ein definiertes Ressourcenverhalten sowie Entwicklungswerkzeuge für C++ umsetzt.

4.1 Modellierungskonzepte und Schnittstellen

Resource Description Framework (RDF) Vokabulare Alle Projektpartner haben im Rahmen von Architekturarbeitsgruppen an möglichst allgemeingültigen Schnittstellenbeschreibungen gearbeitet. Der in den Arbeitsgruppen erfolgte Einigungsprozess umfasst die Abgrenzung der einzelnen Unterkomponenten eines VT-Systems, die Spezifizierung der von Anwendungen benötigten Daten sowie deren sinnvolle Strukturierung und Datenformate. Die daraus resultierenden, sogenannten RDF-Vokabulare erlauben die maschinenverständliche Repräsentation von VT-Ressourcen unter durchgängiger Verwendung des RDF-Datenmodells. Die Spezifizierung der Vokabulare folgt dabei den vom W3C definierten und standardisierten Regeln für verteilte, dienstorientierte Anwendungen.

© Springer Fachmedien Wiesbaden GmbH 2017
S. Brauns et al., *Web-basierte Referenzarchitektur für virtuelle Techniken,*
essentials, DOI 10.1007/978-3-658-17249-7_4

Für alle grundlegende Elemente, wie z. B. geometrische Transformationen, Szenegraph-Manipulationen, Steuerung von virtuellen Menschmodellen, Datentransformation etc., einer VT-Anwendung wurden RDF-Vokabulare entwickelt, die von VT-Entwicklern in eigenen Anwendungen genutzt und auch beliebig erweitert werden können. Das Konzept, grundlegende Vokabulare zu übernehmen und diese entweder zu ergänzen oder mit anderen Vokabularen zu einem neuen, weiterführenden Vokabular einzusetzen, ist mit objektorientierten Programmierparadigmen vergleichbar. Vokabulare sind keine konkrete Implementierung und auch keine lauffähigen Software-Module, sondern eine reine Schnittstellenbeschreibung sowie eine Beschreibung der Daten, die übertragen werden sollen.

Das **Resource Description Framework Schema (RDFS)** ist wie RDF eine W3C-Empfehlung. Das RDF-Modell legt nur eine Syntax für den gemeinsamen Datenaustausch fest. Zur Interpretation von in RDF formulierten Aussagen bedarf es eines gemeinsamen Vokabulars. Ein solches Vokabular wird auch Ontologie genannt, wenn es gleichzeitig Regeln für die richtige Verwendung der in ihm definierten Ressourcen enthält. Im Kontext von ARVIDA wurden ebenfalls Regeln für die richtige Verwendung eines ARVIDA-Dienstes von den ARVIDA-Projektpartnern definiert.

Die **Web Ontology Language (OWL)** ist eine Spezifikation des W3C, um Ontologien mit einer Beschreibungssprache aufbauen zu können. Es geht darum, Ausdrücke und Zusammenhänge einer Domäne, d. h. im Fall von ARVIDA im Bereich virtueller Techniken, formal so zu beschreiben, dass auch Software die Bedeutung verarbeiten kann. OWL wurde in ARVIDA zur Definition der VT-spezifischen Zusammenhänge eingesetzt.

SPARQL Protocol And RDF Query Language (SPARQL) ist eine vom W3C standardisierte Abfragesprache für RDF.

Linked Data Platform (LDP) ist eine W3C-Spezifikation und definiert Richtlinien, die das Lesen und Schreiben von mit RDF beschriebenen Daten unterstützen. Die ARVIDA-Referenzarchitektur folgt diesen Richtlinien.

Werkzeuge Die Kommunikation zwischen Client und Server läuft über eingebettete Web-Server und das HTTP-Protokoll. Zur Übertragung müssen Datenstrukturen serialisiert und auf der Empfangsseite deserialisiert werden. Hierzu existiert für alle relevanten Programmiersprachen bereits eine ganze Reihe von vorgefertigten Software-Bibliotheken, die die Serialisierung für die Entwickler stark vereinfachen. In ARVIDA wurde für die Programmiersprache C++ ein sogenanntes

RESTSDK entwickelt, welches Serialisierung und Deserialisierung übernimmt. Zusätzlich wurden dort auch Konzepte umgesetzt, die z. B. die Nutzung von Web-Sockets und das Daten-Streaming ermöglichen. Diese Erweiterungen folgen mit Ausnahme ihrer standardisierten Beschreibung nicht mehr vollständig den genannten W3C-Empfehlungen. Eine nach wie vor notwendige Aufgabe für die Entwickler ist das Mapping der applikationsspezifischen Datenstrukturen auf RDF-Datenstrukturen.

Ist die Schnittstelle implementiert, kann entsprechend dem REST-Standard auf die VT-Ressource mit dem URI-Mechanismus zugegriffen werden. Ein ARVIDA-konformer Dienst gibt seine Daten als RDF zurück und verhält sich W3C-konform im Falle von Fehlersituationen. Zusätzlich wurden Vokabulare entwickelt, die einem Entwickler Auskunft geben, wie mit dem Dienst interagiert werden kann. Weitere Vokabulare erlauben die Validierung von Rückgabewerten bzw. Anfragen. Dies erleichtert den Umgang und die Nutzung einer zunächst unbekannten Ressource.

Linked-Data Fu ist eine Sprache, welche die teilautomatisierte Zusammenstellung von VT-Ressourcen zu komplexeren VT-Anwendungen ermöglicht. Dadurch lassen sich Teile der Anwendungslogik mittels Regeln, basierend auf symbolischer Logik, spezifizieren. Die Regeln können mittels einer Laufzeitumgebung ausgeführt werden. Damit lassen sich die Ressourcen, die dem REST-Architekturmodell folgen und deren Zustand mit RDF beschrieben ist, zur Laufzeit dynamisch in einer VT-Anwendung kombinieren.

4.2 Referenzarchitekturmodell Industrie 4.0 und die ARVIDA-Referenzarchitektur

Planung und Betrieb von Produktionssystemen im Industrie 4.0-Kontext werden notwendigerweise sehr weitgehend digitalisiert sein, um die benötigten Informationen prozess- und firmenübergreifend verfügbar zu machen. Die daraus resultierende Informationsvielfalt erfordert neben einer umfassenden Standardisierung auch virtuelle Technologien als möglichst intuitive Schnittstelle zwischen Industrie 4.0-Komponenten bzw. Teilsystemen und dem Menschen. Diese Technologien sind somit eine essenzielle Komponente für die effiziente Planung, virtuelle Absicherung, den Aufbau und die Steuerung von Arbeitsabläufen sowie den sicheren und leistungsfähigen Betrieb solcher Produktionsumgebungen.

Referenzarchitekturmodell Industrie 4.0 (RAMI 4.0)

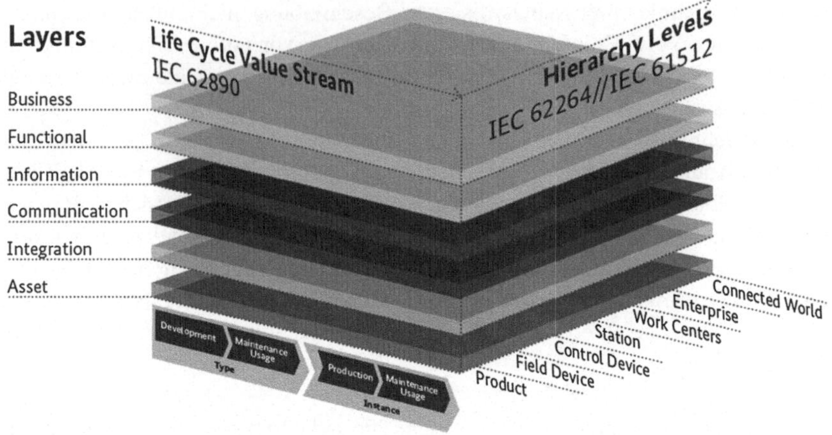

Abb. 4.1 Referenzarchitekturmodell RAMI 4.0

Das Referenzarchitekturmodell Industrie 4.0 (RAMI 4.0)[1] dient der Standardisierung, indem es als idealtypisches Modell die wesentlichen Aspekte von Industrie 4.0 beschreibt und strukturiert. Die sich durch die Vielzahl der beteiligten technischen Systeme und Prozesse ergebenden komplexen Zusammenhänge werden in überschaubarere Einheiten aufgegliedert und beschrieben.

RAMI 4.0 nutzt hierfür ein **dreidimensionales Schichtenmodell** (Abb. 4.1). Die Achse Hierarchy Levels repräsentiert die Zuordnung innerhalb einer Fabrik oder Anlage. Die Achse Life Cycle & Value Stream umfasst den Lebenszyklus von Anlagen oder Produkten. Die Achse Layers beschreibt sechs Ebenen der IT-Repräsentation eines Produktes oder einer Anlage. Für die Verbindung der virtuellen Techniken z. B. mit einer RAMI 4.0-konformen Anlage sind die Kommunikations- sowie die Integrationsschicht relevant. Die Integrationsschicht stellt relevante, mit IT-Methoden verarbeitbare Informationen über eine Anlage oder ein Produkt zur Verfügung. Die Kommunikationsschicht stellt diese in Form von Diensten bzw. Ressourcen anderen IT-Systemen zur Verfügung.

---

[1]http://www.zvei.org/Downloads/Automation/ZVEI-Faktenblatt-Industrie4_0-RAMI-4_0.
pdf.

Industrie 4.0-Komponente:[2] Für die Beschreibung von Industrie 4.0-Objekten definiert RAMI 4.0 eine „Industrie 4.0-Komponente". Diese bezeichnet ein Modell, das die genauere Beschreibung der Eigenschaften cyber-physischer Systeme, also realer Objekte, die mit virtuellen Objekten und Prozessen vernetzt sind, ermöglicht. Somit kann die Industrie 4.0-Fähigkeit von Produktionskomponenten dargestellt werden. Eine in diesem Maße fähige reale Komponente besitzt die Besonderheit, dass sie spezifische Daten und Funktionen an eine virtuelle Repräsentation kommunizieren kann. Zudem ist die Komponente mit einer definierten Verwaltungsschale verknüpft, die die Zugänglichkeit aller relevanten Daten gewährleistet. Die Verwaltungsschale speichert Informationen über die Komponente und stellt diese Daten IT-Diensten bzw. Ressourcen bereit. Dabei gibt dieser elektronische Container sein Wissen lückenlos weiter. Der Nutzen der Verwaltungsschale für die Unternehmen besteht in der beliebigen Erweiterung der Daten, der Realisierung smarter Dienste durch neue Informationen sowie des Vorhaltens von Wissensmodellen sowie fachlicher Funktionen über den gesamten Integrationsprozess hinweg. Somit leistet dieser Container einen wichtigen Beitrag zur Industrie 4.0-Fähigkeit der Komponenten.

Die Kommunikation geschieht vorrangig über die Ebene der Industrie 4.0-Komponenten, die mittels IT-Systemen sowie Verwaltungsschalen (Wrappern) Daten austauschen. Die Industrie 4.0-Komponente ermöglicht es auf eine standardisierte Weise reale Anlagen, Anlagekomponenten oder Produkte zu beschreiben, mit ihnen über Dienstschnittstellen zu kommunizieren und so ausgewählte Informationen z. B. über einen Anlagenzustand in VT-Anwendungen abzubilden bzw. zu visualisieren. Zur Beschreibung und Kommunikation sollen dieselben Web-Technologien wie in der ARVIDA-Referenzarchitektur eingesetzt werden, sodass eine nahtlose Integration von VT-Komponenten mit Industrie4.0-Komponenten aus heutiger Sicht als relativ einfach erscheint. Bisher liegen jedoch noch keine konkreten RAMI 4.0-Implementierungen vor, die einen Abgleich der Integrationsfähigkeiten erlauben würden. Dahingegen sind die Technologie-Standards in ARVIDA bereits spezifiziert und es existieren implementierte Dienste, die die Systemkomponenten eines VT-Systems abbilden und mithilfe von REST-Schnittstellen und Vokabularen (modelliert in RDF, RDFS und OWL, der Web Ontology Language) u. a. auch in Architekturkonzepte von Industrie-4.0-Umgebungen eingebunden werden können. Die ARVIDA-Referenzarchitektur ist in einem initial vollständigen Entwicklungsstadium, sodass sie sich direkter in Unternehmen umsetzen lässt. So wurden im Projektkontext mit

---

[2]http://www.zvei.org/Downloads/Automation/Industrie%204.0_Komponente_Download.

der Referenzarchitektur umfangreiche industrielle Anwendungsszenarien, die aus ganz verschiedenen VT-spezifischen Teilkomponenten bestehen, erstellt, um das Potenzial einer Web-basierten, hoch verteilten VT-Umgebung hinsichtlich Performanz, Skalierung und Effizienz zu evaluieren.

Obwohl sich die ARVIDA-Referenzarchitektur speziell auf Systemlandschaften virtueller Techniken konzentriert, wird das Ziel einer allgemein gültigen Schnittstelle verfolgt, die eine Austauschbarkeit einzelner Komponenten und deren unkomplizierte Einbindung in das Gesamtsystem ermöglicht. Eine gemeinsame Existenz beider Referenzarchitekturmodelle ist problemlos möglich, da diese sogar ergänzend verknüpft und gemeinsam integriert werden können. Die allgemeine Struktur von RAMI 4.0 lässt sich um ARVIDA-spezifische Schnittstellen und Vokabulare aus dem Bereich virtueller Techniken erweitern. Dadurch können Unternehmen eine Kombination beider Systeme nutzen. Die ARVIDA-Referenzarchitektur ist jedoch potenziell auch für generelle, interoperable Industrie 4.0-Umgebungen einsetzbar.

ARVIDA-Technologien 5

Einen wesentlichen Aspekt im ARVIDA-Projekt stellt die Umfelderkennung dar. Viele der in den folgenden Kapiteln beschriebenen Anwendungen sind ohne Umfelderkennung und Tracking nicht vorstellbar und wären ohne fortschrittliche Tracking-Verfahren nicht darstellbar.

Eine der Hürden für den produktiven Einsatz von VT im industriellen Umfeld ist der Mangel an robusten, markerlosen Trackingsystemen. Wesentliche Herausforderungen sind unstete Umgebungen, wechselnde Lichtverhältnisse sowie bei den vorherrschenden optischen Systemen die sogenannten Line-of-Sight-Probleme. Im Rahmen von ARVIDA wurden hier essentielle Verbesserungen erzielt. Weiterhin wurden einige Spezialtechnologien der Umfelderkennung bearbeitet: Die Identifizierung von Arbeitspunkten an einem Werkstück (Verpose) führte zu Problemlösungen, die sich nur teilweise mit denen des markerlosen Trackings überschneiden. Bei der Gestenerkennung, z. B. zur Interaktion in einer Sitzkiste, wurden wesentliche Fortschritte erzielt. Die Vermessung und Geodaten und vor allem deren Zusammenführung aus heterogenen Quellen ist eine Grundvoraussetzung z. B. für das digitale Fahrzeugerlebnis. In ARVIDA wurden weiterhin umfangreiche Arbeiten zu Kalibrierprozeduren erforscht und entwickelt, um die Genauigkeit von speziellen VT-Projektionssystemen zu erhöhen (Abb. 5.1). Bei markerlosem Tracking und bei der Gestenerkennung hat sich gezeigt, dass die heute verfügbare „Time of Flight (ToF)" Kameratechnologie noch unbefriedigend ist; höher auflösende ToF-Kameras würden die technologische Grundlage für wesentliche Verbesserungen bieten.

Schließlich sei noch darauf hingewiesen, dass auch die hier beschriebenen Technologien als Dienste bereitgestellt werden. So wird z. B. der Austausch oder die Kombination von Trackingsystemen sehr viel einfacher als bisher möglich.

© Springer Fachmedien Wiesbaden GmbH 2017   17
S. Brauns et al., *Web-basierte Referenzarchitektur für virtuelle Techniken,*
essentials, DOI 10.1007/978-3-658-17249-7_5

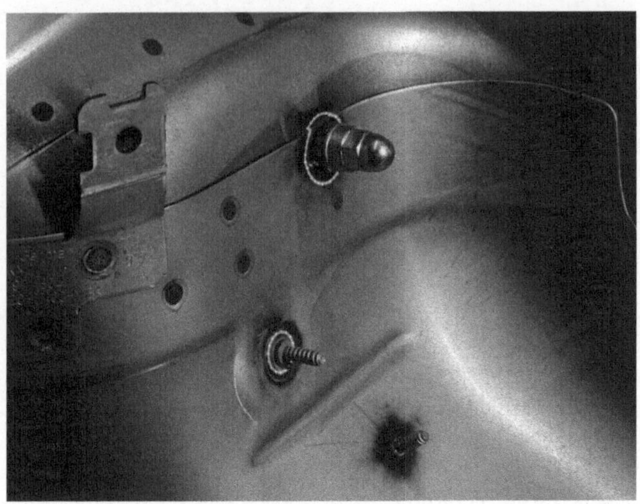

Abb. 5.1 Laserprojektion zur Markierung auf ein Werkstück

Für weitergehende Informationen sei hier auf das Buch „Web-basierte Anwendungen Virtueller Techniken – Das ARVIDA-Projekt – Dienste-basierte Software-
Architektur und Anwendungsszenarien für die Industrie" [4] verwiesen.

Industrielle Anwendungsszenarien 6

Im Rahmen von ARVIDA wurden durch die Technologiepartner verschiedene Anwendungsszenarien umgesetzt, die die Elemente der ARVIDA-Referenzarchitektur in konkreten Implementierungen einsetzen und evaluieren. Die Anwendungsszenarien befassten sich u. a. mit der Bewegungserfassung mit Motion-Capturing-Methoden, dem Soll-Ist-Vergleich von Bauteilzuständen, der Werkerassistenz im Umfeld der industriellen Produktion, der virtuellen Produktabsicherung sowie dem virtuellen Produkterlebnis. Anhand der Anwendungsszenarien wurde gezeigt, dass die ARVIDA-Referenzarchitektur als Basis für eine interoperable, performante und effiziente Systemwelt im Bereich virtueller Techniken effizient genutzt werden kann.

6.1 Bewegungs- und Ergonomieabsicherung

Motion-Capture-Technologien werden in vielen unterschiedlichen Bereichen zur Bewegungserfassung eingesetzt. Diese Trackingtechnologie ermöglicht es, Bewegungen aufzuzeichnen und diese auf eine digitale Repräsentanz eines Menschen (Digital Human Model) zu applizieren. Über ein generisches Menschmodell bzw. mithilfe der ARVIDA-Referenzarchitektur ist nun ein ganzheitlicher Prozess realisierbar. In der Produktionsabsicherung wird bereits in den frühen Phasen ein höherer Reifegrad ermöglicht, indem Motion-Capturing für die Echtzeitsimulation von manuellen Arbeitsvorgängen in virtuellen Umgebungen eingesetzt wird. Die Ziele der Aktivitäten im Rahmen des Themas Motion-Capturing waren demnach die Erforschung von Trackingsystemen zur Aufnahme von Bewegungen, die ARVIDA-konforme Übertragung der Trackinginformationen für die Weiterverarbeitung, die Standardisierung eines RDF-Vokabulars zur

© Springer Fachmedien Wiesbaden GmbH 2017
S. Brauns et al., *Web-basierte Referenzarchitektur für virtuelle Techniken,*
essentials, DOI 10.1007/978-3-658-17249-7_6

allgemeingültigen Beschreibung eines ergonomischen Menschmodells sowie die Untersuchung der generellen Systeminteroperabilität.

Das Thema Motion Capturing umfasste im Rahmen des Projekts ARVIDA zwei Anwendungsszenarien. Die Schwerpunkte waren die Erfassungen von menschlichen Bewegungen für Ergonomieuntersuchungen einerseits in der Produktionsvorbereitung für Montageabsicherungen und andererseits in der Produktentwicklung für die Auslegung von Fahrzeugen. Hierbei wurden unterschiedliche Technologien mithilfe der Referenzarchitektur kombiniert. Im Kern ging es um eine universelle Verwendung und um eine beliebige Austauschbarkeit benötigter Tools.

Ziel des Anwendungsszenarios **„Ergonomie im Nutzfahrzeug"** war es, die heute verfügbaren Tools zur Bewegungsdarstellung von Menschmodellen zu einer integrierten generischen Lösung zusammenzuführen, um Ergonomieabsicherungen in einer virtuellen Umgebung bereits in der Konzeptfindungsphase durchführen zu können (Abb. 6.1). Dank der ARVIDA-Referenzarchitektur lässt sich ein ganzheitlicher Prozess über verschiedene Expertensysteme mit verschiedenen Menschmodellen hinweg durchführen. Daraus können allgemein gültige digitale Bewegungsbausteine erstellt werden, die sich nachträglich an neue Szenarien anpassen und sich logisch mit anderen Bausteinen kombinieren lassen. Zudem kann ein biomechanisch gültiger Bewegungsablauf für jedes generische Menschmodell erzeugt werden.

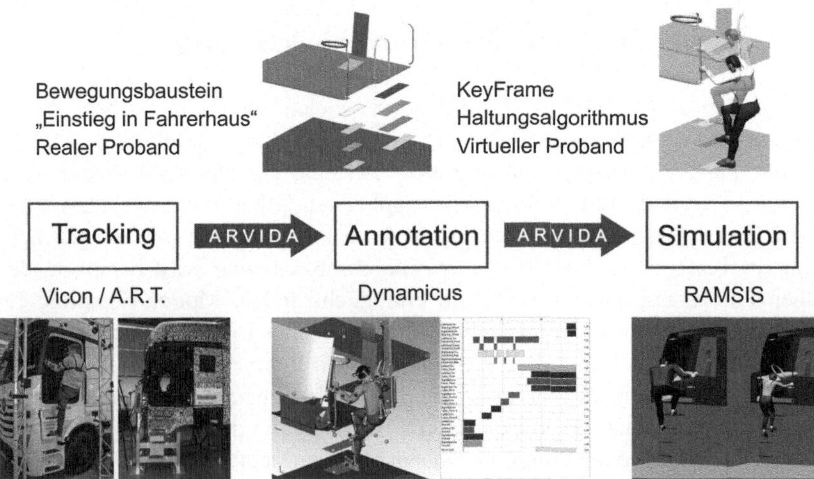

Abb. 6.1 Workflow Ergonomie im Nutzfahrzeug

Bei der Anwendung **„Kostengünstige Trackingsysteme zur Absicherung manueller Arbeitsvorgänge"** geht es um die interaktive Simulation von manuellen Arbeitsvorgängen in der PKW-Produktion durch den Einsatz von markerlosen Tracking- und Projektionstechnologien (Prozesskette Abb. 6.2). Beide Anwendungen weisen unterschiedliche Kontexte und Ziele auf. In der ersten werden Motion-Capturing-Daten aufgenommen, um eine Datenbank zu befüllen, die später zur Bewegungsrekonstruktion genutzt wird, während in der anderen die Trackingdaten zur Visualisierung von Bewegungen in Echtzeit dienen. Dennoch greifen beide Anwendungen auf ähnliche Technologien zurück, die in einem generischen Anwendungsszenario gemeinsam evaluiert wurden.

Die Beschreibung des Menschmodells spielt eine zentrale Rolle in der Interoperabilität der Tracking- bzw. Datenverarbeitungs- und Visualisierungssysteme, wenn es um die Abbildung von menschlichen Bewegungen geht. Es wurde untersucht, in wieweit Trackingsysteme mithilfe der ARVIDA-Referenzarchitektur ausgetauscht werden können und sich in andere Verarbeitungsketten integrieren lassen. Untersuchungen haben gezeigt, dass es nicht zielführend ist, ein Standardmenschmodell zu definieren. Der Grund hierfür ist die je nach Trackingsystem sehr unterschiedliche Erfassung der Bewegungsabläufe (Anzahl an Erfassungspunkten, unterschiedliche Positionen, fixe oder variable Segmentlänge etc.). Der Umweg über ein Referenzmodell würde zu einer Verdoppelung der Transferfehler führen. Um das Problem zu umgehen, wurde auf eine standardisierte Beschreibung des Menschmodells gesetzt. Das heißt, dass die Zusammensetzung und die Geometrie des Modells weiterhin anwendungsabhängig bleiben, aber eine generische Struktur und ein Standardvokabular zur semantischen Beschreibung des Menschmodells genutzt werden.

Verschiedene Untersuchungen im Bereich Interoperabilität wurden durchgeführt, in dem z. B. Daten aus dem markerlosen Tracking-System eines PKW-Szenarios für eine Untersuchung mit den Nachfolgesystemen des Nutzfahrzeugszenarios zur Bewertung der Austauschbarkeit genutzt wurden. Dazu wurden Daten aus dem markerbasierten Trackingsystem als Bezug genutzt, um die Qualität des markerlosen Trackingsystems zu bewerten (Abb. 6.3).

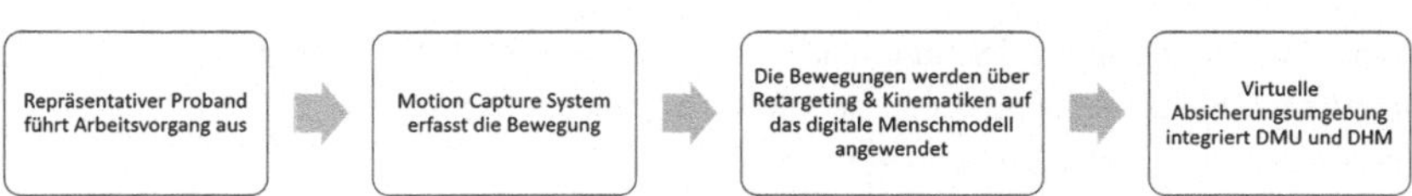

Abb. 6.2 Digitale Prozesskette Motion Capture

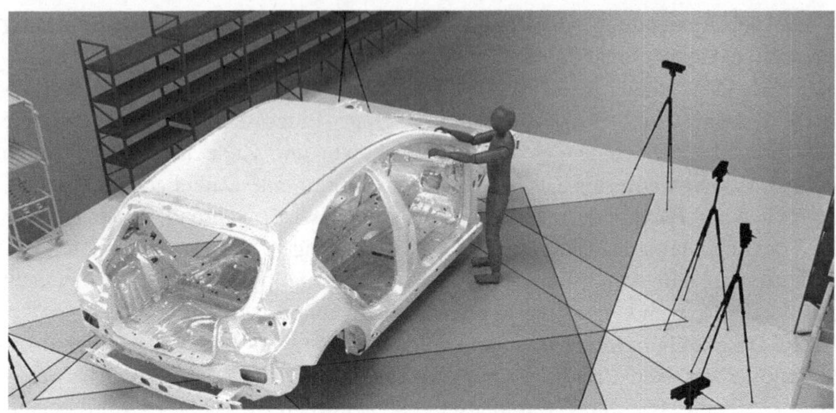

Abb. 6.3 Multi-Kinect-Aufbau als kostengünstiges Tracking-System

Mithilfe der ARVIDA-Referenzarchitektur lässt sich bei der Ergonomiesimu-
lation im Nutzfahrzeug ein ganzheitlicher Prozess erfolgreich über verschiedene
Expertensysteme hinweg und mit verschiedenen Menschmodellen darstellen, der
sonst nicht möglich wäre. Hierbei werden das Menschmodell „Dynamicus[1]" vom
Institut für Mechatronik e. V. Chemnitz mit seinen Softwarekomponenten und die
Software „RAMSIS[2]" mit ihrem gleichnamigen Menschmodell von der Firma
Human Solutions verwendet. Zur Bewegungsaufnahme wird das Trackingsystem
Vicon „Nexus[3]" genutzt. Alternativ hierzu sind die Systeme ART „DTrack[4]"
sowie Microsoft „Kinect[5]" aus dem Schwesterprojekt „Kostengünstige Trackingsysteme" getestet worden. Damit ist prinzipiell die Interoperabilität im Bereich
von Tracking-Systemen mithilfe der ARVIDA-Referenzarchitektur möglich.

Für die Datenübergabe zwischen den Expertensystemen „Tracking" und
„Dynamicus" wurden drei auf der Referenzarchitektur aufbauende Dienste implementiert, die eine Kalibration des Menschmodells, eine Bewegungsrekonstruktion
und eine Annotation der Bewegung durchführen. Die Ein- und Ausgangsdaten

---

[1]https://www.tu-chemnitz.de/ifm/produkte-html/alaskaDYNAMICUS.html.

[2]http://www.human-solutions.com/mobility/front_content.php?idcat=252.

[3]https://www.vicon.com/products/software/nexus.

[4]http://www.ar-tracking.com/products/.

[5]https://developer.microsoft.com/de-de/windows/kinect.

der Einzeldienste werden auf entsprechende Vokabulare der Referenzarchitektur abgebildet und gestatten so einen definierten Datenaustausch zwischen den unterschiedlichen, nicht gekoppelten Softwaresystemen. Ein weiterer zentraler Kommunikationspunkt ist der generische Menschmodellaustausch im Rahmen der ARVIDA-Referenzarchitektur. Durch den „Vhuman Datendienst" werden automatisiert Bewegungsdaten mithilfe eines speziellen Vokabulars vom Menschmodell „Dynamicus" auf das Expertensystem „RAMSIS" übertragen.

6.2   Soll/Ist-Vergleich

Das Ziel dieses Anwendungsszenarios ist eine präzise Digitalisierung und die Erforschung effizienter Verfahren zur Integration dieser Umgebungsdaten in Mixed-Reality-Anwendungen. Einsatzgebiete für die Erfassung großer Messvolumina liegen im Bereich der Fabrik-, Produktions- und Montageplanung, bei denen ein realistisches digitales Abbild der vorhandenen Arbeitsumgebung eine wichtige zusätzliche Informationsquelle darstellt (Abb. 6.4). Für kleine Messvolumina liegen die Einsatzbereiche in der Produktabsicherung entlang des gesamten Produktlebenszyklus. Das Anwendungsszenario „Soll/Ist-Vergleich" zeigt das Potenzial der Referenzarchitektur, weil hier zahlreiche existierende Technologien und ARVIDA-Entwicklungsergebnisse unterschiedlicher Partner über die Referenzarchitektur integriert wurden. Das Szenario betrachtet zum einen die Umfelderkennung und Umfelderfassung in kleinen und großen Messvolumina, zum anderen wurden projektionsbasierte AR-Lösungen realisiert, durch die Verfahren für den Soll/Ist-Abgleich realisiert werden konnten.

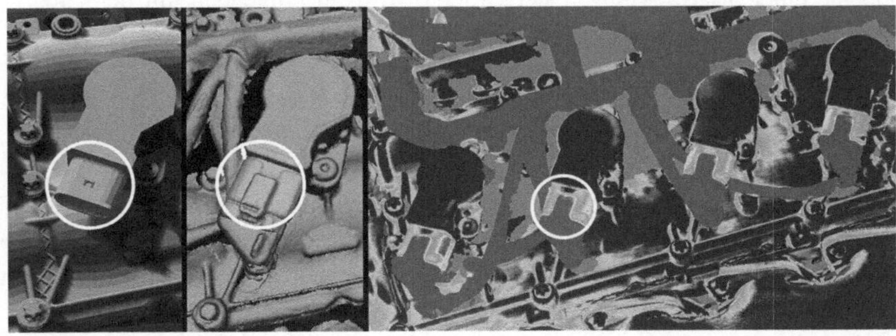

Abb. 6.4 Soll/Ist-Vergleich am Aggregat

Im Szenario **„Analytisches Mixed Reality"** werden dreidimensionale, digitale Abbilder und Planungsdaten von Produkten und Produktionsmitteln in Form von sogenannten Digital-Mock-Ups (DMU) standardmäßig in verschiedenen Phasen des Produkt- und Produktionsmittellebenszyklus eingesetzt. Die Technologie verbreitet sich derzeit in vielen Bereichen der deutschen Wirtschaft und wird im Bereich der Hochtechnologie, wie z. B. der Automobil-, Anlagenbau-, Luftfahrt- und Schiffsbauindustrie, bereits seit vielen Jahren eingesetzt.

Augmented (AR) oder Mixed Reality (MR)-Anwendungen nutzen die dreidimensionalen Daten der DMUs und setzen sie in Bezug zur Realität. Dabei werden Videobilder oder Fotos realer Szenen mit den 3D-Daten der DMUs überlagert. Der sich daraus ergebende Mehrwert im Produkt- und Anlagenlebenszyklus bildet sich primär aus der kombinierten Betrachtung des digitalen Planungsstandes mit den realen Aufbauzuständen von Produkten, Prototypen oder Produktionsanlagen. Die Informationen der Realität werden dabei bislang zumeist durch Videobilder oder Fotos in Mixed Reality-Anwendungen gebracht, sodass der Mensch die dargestellten Informationen in Bezug zu den digitalen Planungsdaten bewerten kann. Vor allem im industriellen Kontext lassen sich auf diese Weise hervorragende Assistenz- und Unterstützungssysteme schaffen, die dem Menschen seine Arbeit erleichtern, jedoch ist immer zusätzlich auch eine Begutachtung der betrachteten Sachlage durch den menschlichen Verstand notwendig. Der Grad an Automatisierungsmöglichkeiten für autonome Systeme, wie z. B. automatische Berechnungen, oder gar die Möglichkeit zur direkten Inbezugsetzung von digitaler und realer Welt, z. B. durch Messvorgänge zwischen beiden Welten, ist somit jedoch stark eingeschränkt. Digitalisiert man hingegen die reale Welt dreidimensional und bringt diese Information in eine Mixed Reality-Umgebung, so lassen sich diese Einschränkung umgehen. Die Erweiterung von Augmented oder Mixed Reality-Technologien und Anwendungen durch die Komponente einer 3D-Erfassung realer Objekte wird im Folgenden mit dem Begriff „analytisches Mixed Reality" bezeichnet.

Das Ziel des Szenarios „Analytisches Mixed Reality zur Baubarkeitsbewertung im Automobilbereich" ist eine einfach zu bedienende und präzise Digitalisierung, d. h. dreidimensionale Erfassung, der realen Welt in großen und in kleinen Messvolumina und die Erforschung effizienter Verfahren zur Integration dieser Umgebungsdaten in Mixed Reality-Baubarkeitsbewertungen, denn die integrierte und interaktive 3D-Erfassung der Realität in kleinen und großen Messvolumina für Mixed Reality-Anwendungen bietet im Vergleich zu der recht einfachen Einbringung von zweidimensionalen Abbildern der Realität (Fotos, Videos) den enormen Vorteil, dass ein dreidimensionales Abbild des aktuell real vorherrschenden Aufbauzustands vorliegt, das sich durch Wiederholung der 3D-Erfassung sogar über die Zeit, d. h. in vier Dimensionen, nachverfolgen lässt.

Diese neue Datengrundlage und deren Integration in den Produktlebenszyklus ermöglicht vollkommen neue Anwendungsfälle wie z. B. automatisiert berechenbare Vergleiche zwischen digitaler und realer Welt oder die Kollisionsüberprüfung zwischen beiden Welten.

Die Einsatzgebiete für die 3D-Erfassung in großen Messvolumina liegen im Bereich der Fabrikplanung, Produktionsplanung und der Montageplanung und können auch auf andere Anwendungsbereiche der deutschen Wirtschaft übertragen werden, bei denen ein realistisches digitales 3D-Abbild der vorhandenen Arbeitsumgebung eine wichtige zusätzliche Informationsquelle darstellt. Für kleine Messvolumina liegen die Einsatzbereiche in der Produktabsicherung entlang des gesamten Produktlebenszyklus. Analytisches Mixed Reality erschließt somit für die betrachteten Messvolumina eine wichtige neue Informationsquelle für Mixed Reality-Anwendungen, sodass über die reine Erweiterung von zweidimensionalen Fotos oder Videos mit virtuellen Informationen hinaus auch eine Interaktion zwischen der digitalisierten realen Umgebung und den „virtuellen Erweiterungen" möglich wird.

In dem Anwendungsszenario **„Mixed Reality Fabrication"** wurden Systemlösungen erforscht und prototypisch umgesetzt, mit denen operatives Personal mithilfe von virtuellen Technologien in der Tätigkeitsausübung unterstützt werden. Das Szenario ist äußerst komplex, da unterschiedliche Hardwarekomponenten von mehreren Lieferanten gleichzeitig genutzt und, trotz hoher Anforderung an die Rechenleistung, die Akzeptanz der Endnutzer erreicht werden mussten. Ebenso von Bedeutung sind die Robustheit des gesamten Systems und der zeitliche Aufwand für die Inbetriebnahme der Technologien. Diese unterschiedlichen Technologiebausteine sollten mithilfe der ARVIDA-Referenzarchitektur zusammengeführt werden.

Das Szenario verknüpft 3D-Scanning-, Tracking-, Rendering sowie Projektionstechnologien, sodass Objekte und Modelle aus der realen Fertigung in die virtuelle Realität (z. B. CAD-System) überführt werden und hier bei höchster Genauigkeit effektiv weiterverarbeitet werden können. Weiterhin werden fertigungsrelevante Informationen auf streng konkave und/oder konvexe Formbauteile projiziert (Abb. 6.5). Dabei müssen praxistaugliche Rüstzeiten garantiert werden.

Insgesamt wurden für das Szenario Verfahren, Methoden und Schnittstellen betrachtet, analysiert, realisiert und an die ARVIDA-Referenzarchitektur adaptiert, um die Nachhaltigkeit und die Interoperabilität der unterschiedlichen Lösungen zu sichern.

Abb. 6.5   Soll/Ist-Vergleich an einem großen Bauteil

6.3   Mixed Reality Engineering und Werkerassistenz

Im Anwendungsszenario **„Mixed Reality Engineering"** wurden Systemlösungen erforscht, mit denen Planer, Arbeitsvorbereiter und In-Betrieb-Nehmer mithilfe von virtuellen Techniken und individuellen Software-Lösungen in Zukunft unterstützt werden können. Im Szenario „3D-Bauplanung" wird die automatische Verknüpfung von Generalplan und Daten zur Auftragsabwicklung dargestellt. Ziel ist es, die Arbeit des Planers mit effizienteren und anschaulicheren Folgen von Arbeitsschritten zu vereinfachen. In den weiteren Szenarien „3D-Bauanleitung", „Intelligentes Schema" und „Fertigen ohne Zeichnung" wird die Planung von Rohrleitungen und die Ableitung von Bauanleitungen unterstützt. Hier werden Daten zusammengeführt und über Augmented Reality visualisiert (Abb. 6.6 und 6.7).

Der derzeitige Produktplanungsprozess führt dazu, dass die Fertigungsunterlagen oft nicht bedarfsgerecht zur Verfügung stehen und die Planungsphase somit erheblich erschwert wird. Ein wesentliches Element des Planungsprozesses ist die Stückliste mit ihrer definierten Struktur. In Verbindung mit der Werkstattzeichnung wird hieraus im ERP-System (Enterprise Resource Planning) der Arbeitsauftrag generiert. Durch den parallel stattfindenden Konstruktionsprozess kommt

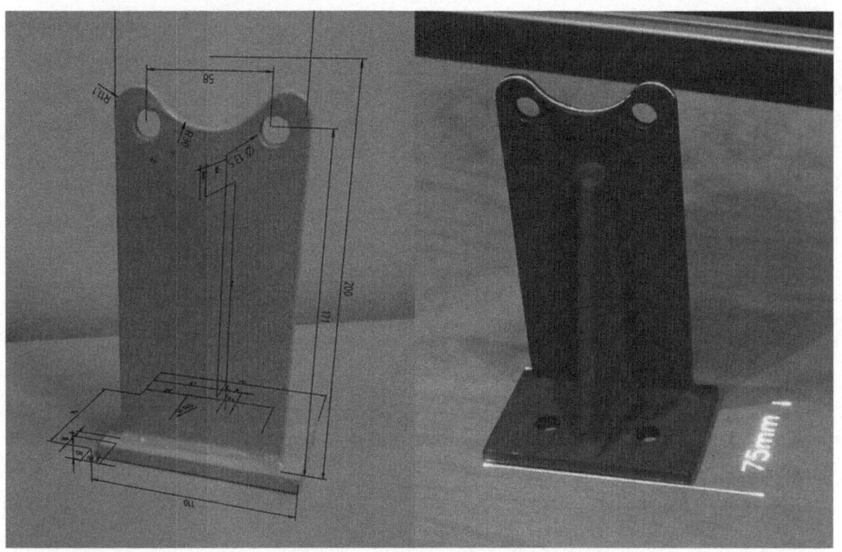

Abb. 6.6 Fertigen ohne Zeichnung

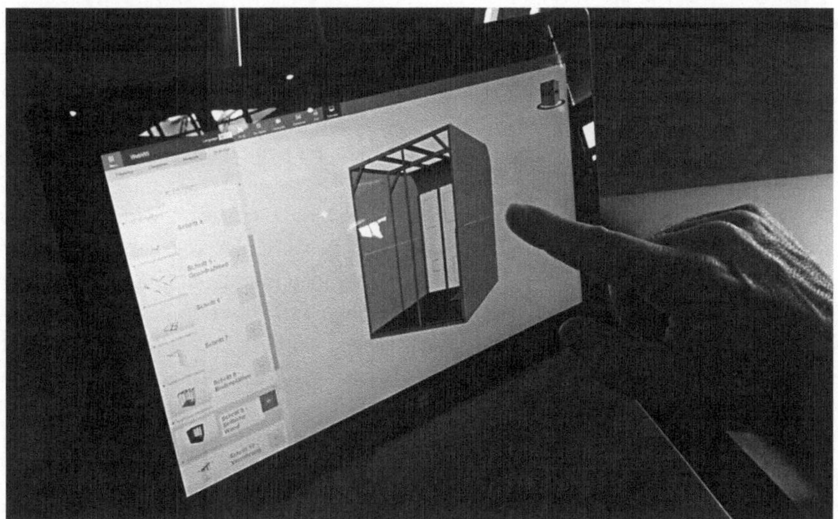

Abb. 6.7 3D-Bauanleitung

es zu inkonsistenten Stücklistenstrukturen, da unterschiedliche Fachbereiche zeitgleich an demselben Arbeitspaket arbeiten. Die Konstruktionsabteilungen kennen den Bauablauf eines Schiffes auch nur bedingt, da dies für einen Konstrukteur nur eingeschränkt zu seinen Kompetenzen gehört. Erschwerend kommt für den Konstrukteur hinzu, dass der Bauablauf im Gesamtprozess sehr spät definiert wird. Damit ergeben sich Abstimmungsprobleme der Baureihenfolge/Baustrategie zwischen Planung und Konstruktion.

Im Rahmen des Projektes wurde dieser Problemstellung und diesen Herausforderungen mit den folgenden Lösungsansätzen begegnet:

- Der erste Lösungsansatz **„3D-Bauplanung"** unterstützt den Planer in der Festlegung der Baustrategie und dient gleichzeitig der Überwachung und Steuerung des Fertigungsprozesses.
- Der zweite Lösungsansatz unterstützt den Werker bei Herstellung und Montage von Baugruppen durch kommentierte **„3D-Bauanleitungen"**. Fertigungsinformationen aus der 3D-Bauanleitung müssen in entsprechender Qualität dargestellt werden, sodass der Werker mit hoher Geschwindigkeit und optimaler Arbeitsqualität seine Aufgaben durchführen kann. Insbesondere gilt es hier, basierend auf der ARVIDA-Referenzarchitektur, geeignet alle notwendigen Datenquellen effizient abzufragen, in eine aktuelle Bauanleitung zu überführen und adäquat zu visualisieren.
- Der dritte Lösungsansatz unterstützt Werker und Ingenieure in der Beurteilung und Feststellung des Baufortschritts. An Bord verbrachte Systeme und Anlagen werden qualitätsgeprüft. In einer schematischen Darstellung (**„Intelligentes Schema"**) der Anlage und der Systeme soll der jeweilige aktuelle Abarbeitungsstand dem Status des Baufortschritts entsprechend dargestellt werden.

Im Szenario **„Mobile Projektionsbasierte Assistenzsysteme"** wurden in vier Anwendungsszenarien Systeme entwickelt und beschrieben, die den Mitarbeiter bei der Bewältigung verschiedener Arbeitsaufgaben durch Augmented Reality mobil unterstützen. Diese AR-Komponenten sind im Wesentlichen Projektionssysteme, die durch optisches Tracking mobilisiert werden. Der Schwerpunkt liegt hier in der Integration von Trackingsystemen und Datendiensten durch die ARVIDA-Referenzarchitektur.

In diesen Anwendungsszenarien wurden Projektionstechniken erforscht, die geeignet sind, den Werker bei verschiedenen Tätigkeiten zu unterstützen. Einsatzbereiche für diese Systeme finden sich z. B. im Design, in der Entwicklung, in der Qualitätssicherung und allgemein bei der Unterstützung der Werker. Es wurden im Projektverlauf linienhafte Laserprojektoren und bildgebende Standardprojektoren betrachtet. Grundlegend ist hierbei die orts- und kontextbezogene Projektion auf Bauteile und Geometrien, sodass die virtuellen Inhalte an den korrekten Positionen des realen Bauteils überlagert werden (Abb. 6.8). Zu diesem Zweck waren weiterführende Forschungsfragestellungen in den Bereichen Tracking und Kalibrierung zu lösen. Ein Schwerpunkt lag dabei auf der Entwicklung von Techniken für mobile Systeme.

Die Vorteile der untersuchten und eingesetzten Projektionstechnologien liegen in dem Fortfall von Rüstzeiten, in der Verringerung des Aufwandes zur Einmessung und in der Verbesserung der Nutzerfreundlichkeit, z. B. durch Möglichkeiten zur Autokalibrierung der Systeme. Eine weiterentwickelte Variante der Projektoren soll mit integrierten, messenden Funktionen ausgestattet sein. So besteht z. B. die Möglichkeit, im Teilszenario „Bolzenpositionen anzeigen und setzen" die Geometrie der Grundfläche zu erfassen und die Sollposition der Bolzen anzupassen. Ein Anwendungsfall mobiler projektionsbasierter Assistenzsysteme ist das Anzeigen und Auffinden von Bolzenpositionen in der Vorserie im Automobilbau. Anfallende Aufgaben sind das Markieren und Setzen von Bolzen sowie die Lage- und Vollständigkeitskontrolle. Ziele in diesem Szenario sind, eine Prozessverbesserung im Bereich Versuchs- und Werkzeugbau zu erreichen und somit Ersparnisse an Kosten und Zeitaufwänden zu erzielen.

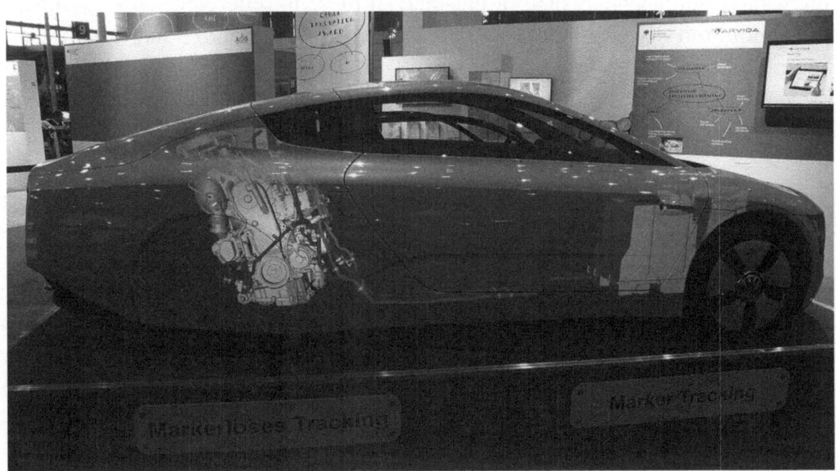

Abb. 6.8   Getrackte Aufprojektion, markerlos/mit Markern

Abb. 6.9 Training, Stufe 3, augmentiert

Der Forschungsschwerpunkt im Anwendungsszenario **„Instandhaltung und Training"** war das schnelle und einfache Trainieren von komplexen wiederkehrenden Arbeitsabläufen. Durch vielfältige und variantenreiche Produkte ist die klassische Erstellung von Trainingsszenarien nicht mehr zu bewältigen. In drei aufeinander aufbauenden Phasen entstand in diesem Teilprojekt eine Trainingsapplikation, mit der es einem Trainer möglich ist, eigenständig und schnell Trainingsmodule ohne Programmier- oder VR-Kenntnisse zu erstellen. Im Training werden dem Trainee die Informationen als sowohl statische wie auch kongruente Überlagerungen mittels Datenbrille direkt im Sichtfeld angezeigt (Abb. 6.9).

6.4   Produktabsicherung

Das Ziel der Anwendungsszenarien zur Produktabsicherung ist die Erforschung von Verfahren zur Absicherung und zum möglichst realistischen Erleben zukünftiger Produkte in verschiedenen Phasen des Produktlebenszyklus. Im Fokus stehen das komplexe Produkt des Automobils, das im Szenario teilweise oder vollständig durch digitale Modelle abgebildet wird und die Interaktion des Menschen mit diesem Produkt. Fahrzeuge verfügen über komplexe Benutzerschnittstellen wie z. B. im Fahrzeugcockpit, die sowohl seitens sicherheitsrelevanter als auch ästhetischer Gesichtspunkte aufwendig abgesichert werden müssen.

Vor allem die Benutzung eines Fahrzeugs in realen Einsatzumgebungen und in verschiedenen Fahrsituationen spielt in den unterschiedlichen Phasen der Produktentwicklung eine große und entscheidende Rolle. In diesem Kontext wurden im Szenario virtuelle Technologien und darauf aufbauende Verfahren erforscht, um virtuelle Produktmodelle oder Modelle von Produktvarianten in Interaktion mit einem Benutzer abzusichern und erlebbar zu machen. Dazu wurden projektionsbasierte Lösungen zur Absicherung verschiedener Produktvarianten in einem Fahrzeugcockpit und Verfahren zum Erleben eines Fahrzeugs in weitestgehend automatisch erzeugten komplexen und realitätsnahen 3D-Fahrerlebnisumgebungen realisiert. Durch Nutzung der ARVIDA-Referenzarchitektur konnten die entwickelten Lösungen im Anwendungsszenario integriert und das Potenzial der Referenzarchitektur aufgezeigt werden.

Das Ziel des Anwendungsszenarios **„Das digitale Fahrzeugerlebnis"** ist ein möglichst realistisches Erleben eines Fahrzeugs in einer real anmutenden und auf Basis von Realdatenquellen nachempfundenen virtuellen 3D-Umgebung. Unter Einbeziehung verschiedener existierender Datenquellen, wie z. B. Landes- und kommunalen GIS-Daten, Geodatendiensten, 3D-Scans von realen Umgebungen, digitalen Geländemodellen, zweidimensionalen Kartendaten und KI-Systemen (Künstliche Intelligenz), sollen möglichst realistische und attraktive virtuelle 3D-Umgebungen weitestgehend prozedural erzeugt und parametriert werden können, in denen ein Fahrzeug interaktiv erlebt werden kann. Reale Fahrstrecken dienen dabei als Vorbild und werden dementsprechend in der virtuellen Welt in 3D nachgebildet (Abb. 6.10).

An der Realität orientierte virtuelle 3D-Umgebungsmodelle, z. B. von Städten, Landschaften oder ländlichen Räumen, die in verschiedensten Simulationen, wie z. B. Flug- oder Fahrsimulatoren, Städte- und Verkehrsplanungen, Rettungssimulationen der Polizei und Feuerwehr, oder zur Immobilienvermarktung, für Navigationssysteme oder Tourismusanwendungen etc. genutzt werden, verwenden

Abb. 6.10   Generierung von komplexen Umgebungsdaten für Fahrerlebnis-Szenarien

derzeit zumeist stark vereinfachte Modelle der Umgebung. Die Erstellung dieser dreidimensionalen Simulationsumgebungen erfordert häufig ein hohes Maß manueller Modellierungs- und Datenaufbereitungsaufwände, sodass je nach Komplexität der gewünschten Umgebung enorme Kosten anfallen können. Die erreichbare Komplexität der 3D-Welt ist somit stark vom verfügbaren Budget abhängig, sodass während der Umsetzung oftmals zwischen großen Umgebungen mit vereinfachten Objektmodellen oder detaillierten Objektmodellen und kleineren 3D-Umgebungen abgewogen werden muss. Des Weiteren stellen häufig auch die verfügbare Hardware bzw. die anvisierte Plattform und die abzubildenden Datenmengen der 3D-Umgebung limitierende Faktoren dar.

In dem Anwendungsszenario „Das digitale Fahrzeugerlebnis" sollten diese Einschränkungen bzgl. der Komplexität umgangen und der Zeit- und Kosteneinsatz beim Erstellungsprozess durch teil- und vollautomatisierte Arbeitsprozesse deutlich reduziert werden. Dazu sollten prozedurale Algorithmen zum Einsatz kommen, welche auf Basis von vorhandenen nicht dreidimensionalen Datenquellen, wie z. B. zweidimensionalen Kartendaten, dreidimensionale Geometrien mit einem plausiblen Realitätseindruck erzeugen können (Abb. 6.11).

Die stetig steigende Anzahl der Ausstattungs- und Modellvarianten innerhalb einer Produktfamilie und die daraus resultierende Komplexität in der Konfigurierbarkeit der einzelnen Fahrzeuge nach den speziellen Wünschen der Kunden stellen große Anforderungen an den heutigen Entwicklungsprozess der Fahrzeuge.

Bezogen auf den Designprozess müssen in kurzen Entwicklungsphasen viele verschiedene Modelle in unterschiedlichen Ausprägungen entworfen (designed) werden. Für jede Variante eines Fahrzeuges werden in den frühen Phasen des Designprozesses, zu der bereits beschriebenen Komplexität, unterschiedliche Design-Konzepte erarbeitet. Diese müssen diskutiert und entschieden werden. An

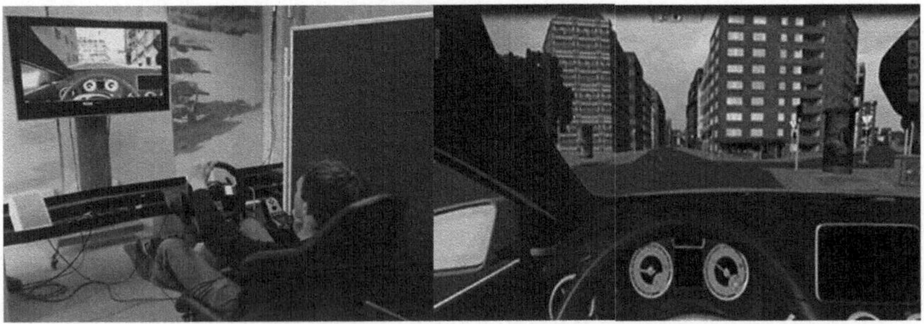

Abb. 6.11 Fahrsimulation-Erlebnis

dem Designprozess arbeiten mehrere unterschiedliche Teams zusammen, die sich thematisch abstimmen müssen, um ein stimmiges Gesamtkonzept zu erarbeiten. Die hier beschriebenen Anforderungen bieten ein ideales Einsatzgebiet für virtuelle Techniken.

Mit dem innerhalb des ARVIDA-Projektes erarbeiteten Entwicklungswerkzeug **„Interaktive Projektionssitzkiste"** kann das Potenzial aufgezeigt werden, das durch die Verwendung virtueller Daten entsteht. Die für ein derartiges Werkzeug benötigten virtuellen Daten liegen zu einem sehr großen Teil bereits im aktuellen Designprozess vor. Dennoch werden reale prototypische Modelle aufbereitet, die jeweils einen Konzeptentwurf repräsentierten.

Die „Interaktive Projektionssitzkiste" kann zukünftig anhand eines abstrakten Grundmodells für einen Fahrzeugtyp mehrere Ausstattungsvarianten und für jede Variante mehrere Konzeptentwürfe visualisieren und damit als zentrales Arbeitswerkzeug für die verschiedenen Design-Teams fungieren (Abb. 6.12).

Hieraus ergibt sich zum einen ein hohes Potenzial zur Einsparung von Entwicklungskosten, da nur ein Hardware-Modell pro Fahrzeugtyp benötigt wird, zum anderen kann Entwicklungszeit eingespart werden, da die Vielfalt der

Abb. 6.12 Basis-Szenario Projektionssitzkiste

Abb. 6.13 Reales Cockpit mit virtuellem Navigationsdisplay und getrackter Bedienung mittels Gestenerkennung

Entwürfe allein über dieses Werkzeug abgebildet werden kann. Änderungen im Konzept bedürfen keiner langen Umbaumaßnahmen an den realen Prototypen.

Immer mehr an Bedeutung gewinnt die Interaktion des Kunden mit dem Fahrzeug. Hier bietet die „Interaktive Projektionssitzkiste" die Möglichkeit, zu einer sehr frühen Phase bereits Themen wie die Erreichbarkeit oder auch die Bedienbarkeit von neuen Funktionalitäten zukünftiger Fahrzeuge abzuprüfen, ohne hierfür speziell technische oder elektronische Funktionalitäten real in einem Prototyp zu implementieren.

Beispiele hierfür sind die Positionierung neuer Multimediasysteme, die virtuell einfach neu platziert werden können, oder auch Themen wie ambiente Beleuchtung, für die eine animierte Visualisierung in der „Interaktiven Projektionssitzkiste" sehr schnell ein Konzept veranschaulicht (Abb. 6.13). Diese Beispiele zeigen, dass Änderungen, wenn sie am realen Prototypen durchgeführt werden müssen, sehr zeitaufwendig und kostenintensiv sind. Zudem müssen sie pro Änderungsvariante eingearbeitet werden.

Zusammenfassung und Ausblick 7

Die ARVIDA-Referenzarchitektur ermöglicht Unternehmen durch den im Projekt entwickelten Architekturansatz funktionale Komponenten aus dem Bereich virtueller Techniken sehr flexibel, austauschbar und interoperabel zu immer neuen VT-Anwendungen zusammenzusetzen. Das umgesetzte Architekturkonzept und die dazu entwickelten Werkzeuge und Hilfskonstrukte zeigen, dass die besonderen Anforderungen virtueller Techniken, wie z. B. eine hohe Systemperformanz, gut umgesetzt werden konnten. Ebenso konnte gezeigt werden, dass zunächst inkompatible Fremdsysteme mit der Architektur zusammen in einer gemeinsamen Anwendung genutzt werden können. Die Fokussierung auf Web-Technologien als Grundlage bietet über die Anwendungsgrenzen von ARVIDA hinaus technisch standardisierte Schnittstellen zu nahezu unbegrenzt vielen anderen Diensten und Systemen zusammenzustellen, so lange diese ebenfalls eine Web-Schnittstelle aufweisen.

Durch die ähnlichen Konzepte der ARVIDA-Referenzarchitektur und RAMI 4.0 können perspektivisch auch Industrie 4.0-Elemente in das Architekturmodell integriert werden, um eine übergreifende Kommunikation zwischen Systemen zu gewährleisten. Dadurch kann eine konsequente Umsetzung und Implementierung der Anforderungen an Industrie 4.0 in den verschiedenen Wirtschaftsbereichen erfolgen, was gleichsam eine Vereinfachung des Datenhandlings sowie den Austausch von spezifischen Eigenschaften horizontal und vertikal zwischen den Systemen ermöglicht.

Die Umsetzung beider Modelle wird im Anschluss an die jeweilige Projektlaufzeit weiter in den Unternehmen vorangetrieben. Die ARVIDA-Ansätze werden weiteren Interessenten aus Forschung und Wissenschaft zur Verfügung gestellt, um die Architektur zu verbreiten und die Austauschbarkeit zusätzlicher Systeme zu gewähren. Einen der nächsten Schritte nach Projektabschluss stellt

© Springer Fachmedien Wiesbaden GmbH 2017
S. Brauns et al., *Web-basierte Referenzarchitektur für virtuelle Techniken*,
essentials, DOI 10.1007/978-3-658-17249-7_7

daher die Vervollständigung der ARVIDA-Referenzarchitektur dar. Zudem ist vorgesehen, die Anforderungen mit denen verschiedenster Systeme abzugleichen und auch neue Vokabulare aus weiteren, für VT-Anwendungen relevanten Fachdomänen zuzulassen, um die Anzahl der modularen Industrie 4.0-Komponenten mithilfe von RAMI 4.0-Normen als auch auf freiwilliger Basis mit der ARVIDA-Referenzarchitektur zu erweitern. Weiterhin besteht die Möglichkeit, die gewonnen Erkenntnisse in einem Folgeprojekt zu vertiefen und auszubauen und somit weitere Fragestellungen von Industrie 4.0 im Zusammenschluss von Wirtschafts- und Forschungspartnern zu klären. Aufgrund dessen können die Unternehmen ihren Vorsprung im Hinblick auf Flexibilität und Produktivität ausbauen und den Anforderungen der vierten Industriellen Revolution an komplexe Datenstrukturen sowie festgelegte Kommunikationsschemen gerecht werden.

Was Sie aus diesem *essential* mitnehmen können

- Wie ein mittlerweile breites Spektrum von industriellen Anwendungen auf der Basis virtueller Techniken in der täglichen Arbeit genutzt wird.
- Warum Semantik Web-Technologien für die übergreifende Anwendung notwendig werden.
- Wie eine Referenzarchitektur für virtuelle Techniken und das Architekturmodell RAMI 4.0 verzahnt werden können.
- Wie wichtig moderne Verfahren der Umfelderkennung für die Umsetzung vieler virtueller Anwendungen sind.
- Wie viele Anwendungen virtueller Techniken inzwischen existieren und wie sie durch eine Referenzarchitektur in Zukunft weiter gefördert werden können.

© Springer Fachmedien Wiesbaden GmbH 2017

S. Brauns et al., *Web-basierte Referenzarchitektur für virtuelle Techniken,* essentials, DOI 10.1007/978-3-658-17249-7

Glossar

Augmented Reality Verfahren zur Überlagerung realer Umgebung mit virtuellen, eingeblendeten Elementen

Virtual Reality Stereoskopische, räumliche und interaktive Präsentation von dreidimensionalen virtuellen Welten

Mixed Reality Kombination von realen und virtuellen Elementen zu einer Gesamtszene

Szenegraph Hierarchische Datenstrukur für Visualisierungssysteme

Rendering Bezeichnung für die Erzeugung eines Bildes aus Rohdaten

Verteilte Systeme Modulare Softwaresysteme, deren Komponenten auf u. U. weltweit verteilten, verschiedenen Rechnern laufen

Representational State Transfer (REST) Programmierparadigma für Web-Anwendungen

RAMI 4.0 Referenzarchitekturmodell für Industrie 4.0

Werkerführung Assistenzsystem, das einen Werker bei seiner Tätigkeit unterstützt

ToF Time of Flight-Kamera, die außer den 2-dimensionalen Pixeldaten auch die Tiefeninformation/Pixel zurückliefert

Mixed Reality Zusammenführung von augmentierten, virtuellen und realen Inhalten (Reality Virtuality Continuum)

© Springer Fachmedien Wiesbaden GmbH 2017

S. Brauns et al., *Web-basierte Referenzarchitektur für virtuelle Techniken,* essentials, DOI 10.1007/978-3-658-17249-7

W3C World Wide Web-Consortium, Gremium zur Standardisierung der Techniken im WWW

DMU Digital Mock-Up, Digitales Abbild eines gesamten Objektes incl. Metadaten, z. B. eines Fahrzeugs

Literatur

1. Reuse, B., & Vollmar, R. (Hrsg.). (2007). *Informatikforschung in Deutschland*. Heidelberg: Springer.
2. Friedrich, W. (Hrsg.). (2004). *ARVIKA – Augmented Reality für Entwicklung Produktion und Service*. Erlangen: Publicis.
3. Schreiber, W., & Zimmermann, P. (Hrsg.). (2011). *Virtuelle Techniken im industriellen Umfeld – Das AVILUS-Projekt – Technologien und Anwendungen*. Heidelberg: Springer.
4. Schreiber, W., Zürl, K., & Zimmermann, P. (Hrsg.). (2017). *Web-basierte Anwendungen Virtueller Techniken – Das ARVIDA-Projekt – Dienste-basierte Software-Architektur und Anwendungsszenarien für die Industrie*. Heidelberg: Springer.
5. Zimmermann, P. (2008). Virtual reality aided design. A survey of the use of VR in automotive industry. In D. Talaba & A. Amditis (Hrsg.), *Product engineering: Tools and methods based on virtual reality* (S. 277–296). Netherlands: Springer Science and Business Media.

© Springer Fachmedien Wiesbaden GmbH 2017   41
S. Brauns et al., *Web-basierte Referenzarchitektur für virtuelle Techniken*,
essentials, DOI 10.1007/978-3-658-17249-7